BEI GRIN MACHT SICH IHR WISSEN BEZAHLT

- Wir veröffentlichen Ihre Hausarbeit,
  Bachelor- und Masterarbeit

- Ihr eigenes eBook und Buch -
  weltweit in allen wichtigen Shops

- Verdienen Sie an jedem Verkauf

Jetzt bei www.GRIN.com hochladen und kostenlos publizieren

Manuel Stadler

Praxis der Kulturbewahrung in Deutschland

Vom Kaiserreich bis zum Zweiten Weltkrieg

GRIN Verlag

Bibliografische Information der Deutschen Nationalbibliothek:

Die Deutsche Bibliothek verzeichnet diese Publikation in der Deutschen National-
bibliografie; detaillierte bibliografische Daten sind im Internet über http://dnb.d-
nb.de/ abrufbar.

Impressum:

Copyright © 2008 GRIN Verlag, Open Publishing GmbH
Druck und Bindung: Books on Demand GmbH, Norderstedt Germany
ISBN: 978-3-640-98548-7

Dieses Buch bei GRIN:

http://www.grin.com/de/e-book/177077/praxis-der-kulturbewahrung-in-deutschland

GRIN - Your knowledge has value

Der GRIN Verlag publiziert seit 1998 wissenschaftliche Arbeiten von Studenten, Hochschullehrern und anderen Akademikern als eBook und gedrucktes Buch. Die Verlagswebsite www.grin.com ist die ideale Plattform zur Veröffentlichung von Hausarbeiten, Abschlussarbeiten, wissenschaftlichen Aufsätzen, Dissertationen und Fachbüchern.

Besuchen Sie uns im Internet:

http://www.grin.com/

http://www.facebook.com/grincom

http://www.twitter.com/grin_com

Universität Passau
Lehrstuhl Regionale Geographie
Hauptseminar: Anthropogeographie: Von den sieben Weltwundern der Antike zum UNES-
CO-Weltkulturerbe der Moderne – Politische und ökonomische Aspekte von Kulturbewah-
rung

Sommersemester 2008

Praxis der Kulturbewahrung in Deutschland –

a) Vom Kaiserreich bis zum Zweiten Weltkrieg

Vorname, Name: Manuel Stadler

Studiengang: Lehramt vertieft
Studienfächer: Wirtschaftswissenschaften/ Geographie
Fachsemester: 07

Inhaltsverzeichnis:

1. Einleitung

Das Thema „Praxis der Kulturbewahrung in Deutschland vom Kaiserreich bis zum zweiten Weltkrieg bis zum Wiederaufbau und seiner moderne Gesetzgebung" versteht sich als Bindeglied auf dem Weg von den sieben Weltwundern der Antike zur modernen international organisierten Kulturbewahrung. Dabei unterlief sowohl die Theorie, als auch die Praxis des Schutzes der Vergangenheit einen großen und stetigen Wandel.

Es ist die Aufgabe jeder Generation Schäden von Denkmälern und der Kultur, sei es durch Kriege oder dem natürlichen Lauf der Vergänglichkeit, fernzuhalten, um das Erbe der Vergangenheit auch für die Zukunft zu bewahren und den nächsten Generationen zugänglich zu machen. Waren die Gründe für den Schutz der Erinnerungen an die Geschichte doch immer die Gleichen oder Ähnlichen, so wandelten sich doch die Vorgehensweisen, wie diese bewerkstelligt werden sollten, oder bewerkstelligt wurden, sowohl als auch die Personen, Organisationen und Institutionen, die sich für diese Aufgabe berufen fühlten, oder berufen wurden.[1]

Der geschichtliche Ausschnitt vom Kaiserreich bis nach dem Wiederaufbau der Kriegsschäden des zweiten Weltkriegs stellt einen Zeitraum mit weitreichenden politischen, sozialen, kulturellen und ökonomischen Veränderungen dar. In gleicher Weise, wie sich Lebensweisen, Sichtweisen und Regierungssysteme änderten, waren auch die Praktiken der Kulturbewahrung einen Wandel unterworfen.

Spricht man in diesem Zusammenhang von Kulturbewahrung meint man zumeist die Denkmalpflege und den Denkmalschutz, welchen die größte Aufmerksamkeit zu Teil wurde.

Der Erste Teil dieser Arbeit stellt den oft schweren Weg der Praxis der Kulturbewahrung vom deutschen Kaiserreich (1871 – 1918), mit seinen weitreichenden gesellschaftlichen und wirtschaftlichen Veränderungen, um die Jahrhundertwende dar. Über den verlorenen ersten Weltkrieg und die Selbstfindungsphase der deutschen Nation, nach der Gründung der Weimarer Republik (1919), hinaus, werden die Aktivitäten und Absichten der Länder und des Reichs bis hin zur Machtergreifung Adolf Hitlers (1933) und dem nationalsozialistischen Deutschland bis zum Ende des zweiten Weltkriegs (1939 – 1945) beleuchtet.

In einem zweiten Teil werden die Schwierigkeiten der Denkmalpflege nach dem Zweiten Weltkrieg dargestellt. Die Zeit des Wiederaufbaus brachte viele Baudenkmäler in Gefahr.

---

[1] Vgl. KIESOW et al. (1983, S.4)

Gerade in der unmittelbaren Nachkriegszeit war die Versuchung groß, Althergebrachtes durch Neues zu ersetzen. Der Erhaltungswille entwickelte sich erst mit dem Ende der Technikbegeisterung zu Beginn der 1970er Jahre. Insbesondere das europäische Denkmalschutzjahr 1975 sorgte für eine Wiederbelebung des Kulturbewahrungswillens. Die veränderte Wahrnehmung des Denkmalschutzes schlug sich auch in den rechtlichen Rahmenbedingungen nieder. Die rechtliche Entwicklung seit dem Zweiten Weltkrieg und ihre Folgen für die Praxis der Kulturbewahrung stehen im Mittelpunkt dieses zweiten Teils der Arbeit.

2. Die Praxis der Kulturbewahrung in Deutschland vom Kaiserreich bis zum zweiten Weltkrieg

2.1. Die Situation der Denkmalpflege in Deutschland vor 1871

Bei Betrachtung der Themen dieses Seminars wird deutlich, dass die Kulturbewahrung bzw. die Denkmalpflege keine Erfindung der Neuzeit ist, sondern seit Anbeginn der Zivilisation praktiziert wird.

In Deutschland gewann die Idee, der Erhaltung der Geschichte, im Laufe der Zeit immer mehr an Bedeutung. Die Bestrebungen galten aber weniger den historischen Denkmalen an sich, sondern der Möglichkeit auf eine umfassende Dokumentation der Vergangenheit. Dabei erschienen die Originale als ersetzbar, sofern die Rekonstruktionsmöglichkeit erhalten blieb. Das spiegelt sich auch in den erste Denkmalschutzbestimmungen des auslaufenden 18. Jahrhundert wider. Hier sind zwei Ausschreiben des Markgrafen von Bayreuth aus den Jahren 1771 und 1780[2] und die „Verordnung, die Erhaltung der im Lande befindlichen Monumente und Altertümer betreffend"[3] des Landgrafen Friedrich II. von Hessen-Kassel aus dem Jahr 1779[4] zu nennen. In allen drei Vorschriften wird deutlich, dass weniger die Erhaltung der Monumente (Grabdenkmäler, Wappen und Inschriftentafeln; Gebäude wurden durch diese Vorschriften nicht unter Schutz gestellt[5]) im Vordergrund stand, als der Schutz der Geschichtsquelle. Neben dem historischen-wissenschaftlichen Interesse der Landesherren[6] waren Motive die Sammelleidenschaft, als auch der Sicherung der Spuren der eigenen Familiengeschichte weitere Motive.[7]

---

[2] vgl. HAMMER (1995, S. 38)
[3] vgl. Friedrich II., Landgraf zu Hessen (1779)
[4] einige Autoren nennen auch 1780 als Erscheinungsjahr
[5] vgl. KIESOW (1982, S. 6)
[6] vgl. HAMMER (1995, S. 40)
[7] vgl. KIESOW (1982, S.6)

4

Von Denkmalpflege im heutigen Verständnis kann zum Ende des 18. Jahrhunderts allerdings noch nicht gesprochen werden. Als Begründer der deutschen Denkmalpflege gilt Karl Friedrich Schinkel (1781 – 1841). Seinen Bemühungen ist es zu verdanken, dass unter dem preußischen König Friedrich Wilhelm III. am 04.10.1815 die erste Behörde zum Schutze von Gebäuden und Denkmälern eingerichtet und ein hauptamtlicher Konservator für diese Aufgabe berufen (1843) wurde.[8] Die Denkmalpflege sollte, so Schinkel, sehr behutsam mit den Denkmälern umgehen. Restaurationen sollten nur dann vorgenommen werden, wenn sie unumgänglich geworden sind. Seine Philosophie war es den Schutz der Objekte sicher zu stellen ohne sie wesentlich zu verändern.[9] Diese Vorgehensweise widersprach der allgemein geläufigen Praxis der Kulturbewahrung. Diese strebte die Komplettierung von unvollendeten Gebäuden und Restaurationen im Stile des ursprünglichen Denkmals zur Erlangung und Erhaltung einer Stilreinheit an. Willkürliche Veränderungen an Denkmälern aus ästhetischen Gründen des Zeitgeschmacks waren an der Tagesordnung.[10]

In der Folgezeit kam es auch in anderen Ländern zur Ernennung von Konservatoren (Bayern: 1835, Baden: 1853, Württemberg: 1858). Die Institutionalisierung der Kulturbewahrung wurde damit vorangetrieben. Sie beschränkte sich zwar ausschließlich auf den öffentlichen Besitz, doch spielte dies wegen der fehlenden finanziellen Mittel der privaten Eigentümer bislang keine Rolle.

Mit dem steigenden Stellenwert der Denkmalpflege im staatlichen Sektor wurde auch die breite Öffentlichkeit für dieses Thema zugänglich. Besonderer Anteil gebührt hier den Heimat- und Altertumsvereinen. Mit dem steigenden Engagement des Bürgertums war der Aufstieg der Kulturbewahrung nicht mehr aufzuhalten, zumal er der Inbegriff für das neugewonnene Selbstverständnis für die eigene Nation und ihre Geschichte war.[11]

2.2. Veränderungen in den Jahren 1871 – 1918

2.2.1. Die Situation 1871

Nach dem Sieg des Norddeutschen Bundes mit den verbündeten süddeutschen Staaten im Deutsch-Französischen Krieg gelang die Schaffung des Deutschen Kaiserreichs (Deutsches Reich) auf kleindeutscher Basis. Unter den deutschen Kaisern Wilhelm I. (1871 – 1888), Friedrich III. (1888) und Wilhelm II. (1888 – 1918) durchlief die Bevölkerung einen wirt-

---

[8] vgl. KIESOW (1982, S.8)
[9] vgl. HUSE (1996, S. 65)
[10] vgl. SPEITKAMP (1996, S. 96ff.)
[11] vgl. KIESOW (1982, S. 11ff.)

schaftlichen, als auch sozialen Wandel. Die Veränderungen vom größtenteils agrarisch geprägten Reich zu einer modernen Industrienation hatten weitreichende Konsequenzen.[12] Der wirtschaftliche Aufschwung durch die zunehmende Industrialisierung bedingte einen Bauboom, vergleichbar nur mit den Jahren des Wirtschaftswunders nach dem 2.Weltkrieg, gepaart mit Landflucht und starkem Städtewachstum. Damit waren neue Anforderungen an die Städte gestellt. Straßen mussten auf die neuen Verkehrsmittel angepasst werden, die Nachfrage nach Mietwohnungen erklomm ungeahnte Höhen,....

Damit änderten sich nicht nur das gesellschaftliche Leben und das äußere Erscheinungsbild der Städte. Es hatte auch weitereichende Folgen für die Praxis der Kulturbewahrung. War es für die Denkmalpflege bisher unrelevant, dass sich gesetzliche Bestimmungen zum Denkmalschutz nur auf öffentliche Gebäude beschränkten, so stellte dies durch die neuen Verhältnisse ein gravierendes Problem dar. Denkmalpfleger sahen sich ohnmächtig der Entwicklung gegenüber. Abhilfe gegen die Zerstörung der profanen Zeugen der Vergangenheit konnten nur neue Gesetzgebungen schaffen. Bis Ende des 19. Jahrhunderts blieben diese Forderungen jedoch unerfüllt.[13]

2.2.2. Der Bedeutungsgewinn und Wandel der Denkmalpflege in der Spätzeit des Deutschen Kaiserreichs

Erst die Jahre nach 1900 brachten die, von den Denkmalpflegern, sehnlich gewünschten Fortschritte in der Denkmalschutzgesetzgebung. Ausschlaggebend dafür war ein Konsens auf breiter gesellschaftlicher Ebene über dessen Notwendigkeit.

Doch wodurch entstand der dafür erforderliche Bedeutungsgewinn für den Denkmalschutz?

1. Deutscher Denkmalpflegetag

1899 vom Deutschen Geschichts- und Altertumsvereins beschlossen und 1900 in Dresen das erste mal in die Tat umgesetzt, erfreute sich das alljährliche Zusammentreffen in der Folgezeit immer größerer Beliebtheit. Zu den Besuchern gehörten nicht nur Denkmalpfleger, sondern auch hohe Regierungsbeamte, Hochschullehrer, Geistliche und zahlreiche Teilnehmer aus dem Ausland. Der Deutsche Denkmalpflegetag bot damit die Plattform um eingehend und mit großer Wirkung über Fragen der Denkmalschutzgesetzgebung zu diskutieren.[14]

---

[12] vgl. http://de.wikipedia.org/wiki/Deutsches_Kaiserreich#Bev.C3.B6lkerung.2C_Wirtschaft_und_Gesellschaft
[13] vgl. KIESOW (1982, S.14f.)
[14] vgl. HAMMER (1995, S. 139f.)

2. Zeitschrift „Die Denkmalpflege"[15]

Ebenfalls 1899 von den preußischen Behörden für Denkmalpflege angeregt fungierte sie bald als Anlaufstelle für Recherchen zu zahlreichen Themen den Denkmalschutz betreffend. Vor allem aber gelang es der Zeitschrift nicht nur Experten für sich zu gewinnen, sondern konnte auf breiter öffentlicher Ebene Interesse für seine Belange erwecken. Durch Publikationen aus dem gesetzgeberisch vorbildlichen Ausland, Frankreich und Italien, initiierte die Zeitschrift ebenso wichtige Impulse für die deutsche Gesetzgebung.[16]

3. Inventarisation für das gesamte Reichsgebiet

Noch größere Breitenwirkung konnte die Denkmalpflege erringen, wenn die Möglichkeit geschaffen wurde, nicht nur über die Praxis und Theorie der Denkmalpflege zu diskutieren, sondern auch die erzielten Erfolge publizieren zu können. Um dieser Lücke Abhilfe zu schaffen wurde bereits 1900 Georg Dehio beauftragt ein knapp gefasstes, aber dennoch vollständiges Handbuch der Kunstdenkmale für das gesamte Bundesgebiet zu erarbeiten. 1905 erschien der erste Band und bereits 1912 war seine Arbeit mit dem erscheinen des letzten der fünf Bände abgeschlossen.[17] Schon bald gewann dieses Werk größte Popularität als Nachschlagewerk und Reisehandbuch. Finanziert wurde es durch die deutschen Geschichts- und Altertumsvereine sowie einen großzügigen Zuschuss aus dem kaiserlichen Dispositionsfonds.[18]

Angedeutet durch die finanzielle Großzügigkeit von Seiten Wilhelm II. zeigt dies ein zunehmendes Engagement des Reichs in Sachen Denkmalpflege, obwohl die Verfassung des Deutschen Reichs von 16. April 1871 diese Aufgabe bei den Einzelstaaten beließ und dem Reich keine besonderen Kompetenzen einräumte. Entgegen weitreichenden Interventionen des Reichs und einer einheitlichen Denkmalpflege auf Reichsebene stellten sich jedoch die Länder (allen voran Bayern), die sich durch solche Maßnahmen ihrer Kulturhoheit bedroht fühlten. Sämtliche Maßnahmen des Staates mussten deshalb auf erheblichen Widerstand stoßen.[19]

---

[15] „Die Zeitschrift „Die Denkmalpflege" ist die Fortführung der Zeitschriften „Denkmalpflege und Heimatschutz", „Zeitschrift für Denkmalpflege" und „Deutsche Kunst und Denkmalpflege". Sie erscheint im Deutschen Kunstverlag und wird von der Vereinigung der Landesdenkmalpfleger in der Bundesrepublik Deutschland herausgegeben. Derzeit erscheinen pro Jahresband im allgemeinen zwei Hefte." (http://de.wikipedia.org/wiki/Die_Denkmalpflege)

[16] vgl. HAMMER (1995, S. 140f.)

[17] DEHIO (1905), (1906), (1908), (1911), (1912)

[18] vgl. SPEITKAMP (1996, S. 159f.)

[19] vgl. SPEITKAMP (1996, S.154f.)

4. Diskussion über die Theorie der Denkmalpflege

Nicht weniger bedeutsam für das öffentliche Interesse an der Denkmalpflege war die neu entfachte Diskussion über deren Theorie. Im Grund genommen ging es darum, wie mit Denkmälern vorzugehen sei. Dürften nur substanzerhaltende Maßnahmen durchgeführt werden, im Sinne von Konservierung als das einzige legitime Mittel, oder sollte es bei der Vorgehensweise der ergänzenden Restaurierung bleiben. Diese Diskussion war für die Zeit um die Jahrhundertwende keineswegs eine Neue. Das Ungewöhnliche daran war vielmehr, dass sie sich aus der Expertenebene herauslösen konnte und Sphären gesellschaftlicher und politischer Bedeutung erlangte. Ausschlaggebend dafür waren zwei umstrittene Restaurationsvorhaben. Die Hochkönigsburg im Elsass und das Heidelberger Schloss. Beide Vorhaben wurden Mittelpunkt von zahlreichen hitzigen parlamentarischen Diskussionen, veranlassten zahllose Publikationen in Form wissenschaftlicher Abhandlungen sowie Artikel in der Tagespresse. Durch diese Auseinandersetzung gerieten beide Restaurationsprojekte ins öffentliche Interesse, mit der Konsequenz, dass ihnen bald weitere folgen sollten. Die Folge war eine immer größere Zahl von Veröffentlichungen und eine nicht mehr enden wollende Diskussion über den Denkmalschutz. Die Kulturbewahrung wurde zum Symbol der Größe Deutschlands und seiner ruhmreichen Vergangenheit auserkoren.[20]

Ausgelöst durch diese Diskussion wandelte sich das Wesen der Denkmalpflege. Fühlten sich bislang Architekten für diese Aufgabe berufen, sollten es von nun an vorrangig Kunsthistoriker sein. Über die Unmöglichkeit für Architekten die neuen Grundzüge zu vertreten schreibt Dehio (1901): „(...), wo der Architekt berufen wird, an ein historisches Kunstdenkmal irgendwie die Hand zu legen, um zu erhalten oder zu ergänzen oder wiederherzustellen. In dieser Lage wird es erfahrungsgemäß sehr vielen Architekten unmöglich, in ihrem Geiste die wissenschaftliche Funktion und die künstlerische Funktion auseinanderzuhalten."[21]

An zahlreiche Veröffentlichungen, seien es sorgfältig ausgearbeitete Spezialuntersuchungen[22], oder Darstellungen praktischer Probleme der Denkmalpflege bzw. ihrer Vorgehensweise[23], schloss sich ebenso eine rechtswissenschaftliche Diskussion an. Diese war die Grundlage für zahlreiche Normen den Denkmalschutz betreffend. Unter vielen in den Folgejahren verab-

---

[20] vgl. HAMMER (1995, S.142ff.)
[21] DEHIO (1901, S. 36)
[22] Beispielsweise zum Heidelberger Schloss: DEHIO (1901); zur Dresdner Kreuzkirche: SCHUMANN (1901)
[23] zu nennen sind hier: FISCHER (1902), RIEGL (1903), HAGER (1905), LANGE (1906), RIEGL (1906), REIMERS (1911), DVORAK (1918)

8

schiedeten Gesetzen und Verordnungen ist vor allem das erste vollständige Denkmalschutzgesetz zu erwähnen: Das hessische Denkmalschutzgesetz von 1902.

Bei allen Fortschritten, die um die Jahrhundertwende im Bereich der Denkmalpflege erreicht
wurden, darf keinesfalls übersehen werden, dass weiterhin starke Gegenströmungen erhalten
blieben, sei es gegen die neuen Theorien oder die angestrebten gesetzlichen Lösungen.

2.3. Nationalisierung und Folgen der Denkmalpflege im ersten Weltkrieg

Betrachtet man die oben genannten gesetzlichen Regelungen aus der Spätzeit des Kaiserreichs,
stellt man fest, dass die Aufgabe des Denkmalschutzes noch fest in der Hand der Einzelstaaten lag. Das Reich selbst spielte in diesen Belangen nur eine untergeordnete Rolle. So brachte
erst der Ausbruch des ersten Weltkriegs eine Veränderung dieser Situation. Denkmäler und
die deutsche Kunst wurden zugunsten der Ideologisierung des Krieges instrumentalisiert. Sie
sollten Nationalgefühl und eine Überlegenheit gegenüber dem Gegner zum Ausdruck bringen.
Durch Kriegszerstörungen an Denkmälern in Frankreich und Belgien durch deutsche Waffen,
wurde der Krieg mit dem Ausland auch auf kulturelle und kulturpolitische Angelegenheiten
ausgedehnt. Im Zuge der propagandistischen Kriegsführung attestierte man der deutschen
Denkmalpflege im Vergleich zu den Bemühungen des Gegners eine herausragende Qualität.
Folglich ging die Denkmalpflege weit über den Schutz von einzelnen Objekten hinaus. Sie
wurde als nationale Kulturleistung angesehen, wobei man dem Ausland in diesen Belangen
weit überlegen war. Damit rückte die Aufgabe der Denkmalpflege immer weiter in den Auf-
gabenbereich des Reichs und wurde auch von der Öffentlichkeit als solche wahrgenommen.[24]
Trotz der Versuche die Denkmalpolitik in Kriegszeiten idealisiert darzustellen, oder gerade
deswegen, dürfen die Folgen des ersten Weltkriegs nicht übersehen werden. Wenn auch die
Folgen nur schwer abschätzbar sind, dürften sie dennoch erheblich sein. Durch den hohen
Bedarf an Metall für Kriegszwecke waren vor allem Kirchenglocken von der Beschlagnah-
mung und Einschmelzung betroffen. Unterschätzt werden dürfen auch nicht die Folgen der
fehlenden Mitarbeiter durch Einberufung ins Militär. Durch die mangelnde personelle Beset-
zung mussten fast jegliche Projekte zugunsten von Notfällen ruhen.[25]

---

[24] vgl. SPEITKAMP (1996, S. 163ff.)
[25] vgl. HUBER (1994, S. 44)

3. Die Weimarer Republik (1919 – 1933)

3.1. Die Situation nach dem Ende des Krieges und der Revolution von 1918

Nach der Novemberrevolution 1918, der Abdankung Wilhelm II. als deutscher Kaiser am 9. November 1918 und dem verlorenen ersten Weltkrieg befand sich das Deutsche Reich in großer Not, sei es politischer, gesellschaftlicher, als auch materieller und finanzieller Art. Nicht enden wollende gesellschaftliche Unruhen geprägt von Streiks und Aufständen, die politische Unversöhnlichkeit von verschiedenen politischen Richtungen, als auch die scheinbar unüberwindbaren Reparationszahlungen und Kriegsschulden durch den Versailler Vertrag stießen das Land in eine tiefe Depression.[26]

All dies hatte Auswirkungen auf die Entwicklung der Denkmalpflege. Gerade in diesen Belangen kann die materielle und finanzielle Not nicht groß genug eingeschätzt werden. Um die angespannte finanzielle und materielle Notlage zu erleichtern entschlossen sich viele private, als auch öffentliche Eigentümer für einen Verkauf beweglicher Denkmäler ins Ausland. Es drohte ein kultureller Ausverkauf.

Hingegen, scheinbar unbeeindruckt von den Ereignissen, nahmen tragende Institutionen ihre Arbeit wieder auf. Der Tag der Denkmalpflege wurde bereits 1919 wieder abgehalten und erfreute sich bald der gewohnten Popularität. Dabei lag das Hauptaugenmerk auf den rechtlichen Verhältnissen zum Schutz der gefährdeten beweglichen Kunstschätze.

Ebenso wenig ruhte die Aufgabe der Theoretiker der Denkmalpflege. Trotz der großen Not ließen sie nicht den geringsten Zweifel über die Notwendigkeit und den Sinn der Denkmalpflege aufkommen. Im Gegenteil. Sie strebten eine Neuorientierung an. Ein Denkmal sollte nicht um seiner Willen erhalten bleiben, weil es ein Zeuge der Vergangenheit ist, sondern weil es für die Gegenwart eine besondere Bedeutung hat. Nicht der Alterswert steht im Vordergrund, sondern die Emotionen und Gefühle, die Menschen mit dem Denkmal verbinden.[27]

Bei aller Euphorie über die neue Schutzwürdigkeit mussten jedoch bei der praktischen Umsetzung deutliche Abstriche vorgenommen werden. Durch die finanzielle und materielle Not des Landes war es unumgänglich Akzentuierungen zu setzen, die eine Konzentration auf besonders bedeutende Denkmäler legte.

Eine Veränderung stellte sich auch bei der Jurisprudenz ein. Waren die Gesetzgebungen des Denkmalschutzes in der Vergangenheit doch sehr zurückhaltend und zögerlich, fanden sie nun Eingang in die Gesetze der Weimarer Republik.[28]

---

[26] vgl. SCRI BA (2001)
[27] vgl. TIETZE (1925, S. 49ff. + S. 71ff.)
[28] vgl. HAMMER (1995, S. 194f.)

3.2. Entwicklung des Denkmalrechts in der Weimarer Republik

3.2.1. Gründe für die Weiterentwicklung des Denkmalrechts

Eine Weiterentwicklung des Denkmalrechts in den Anfangsjahren der Weimarer Republik, mit zunehmendem Engagement des Reichs, ist als logische Konsequenz aus zwei wesentlichen Faktoren zu sehen:

Zum einen aus dem öffentlichen Verständnis für die kulturellen Leistungen. War die Bedeutung der Denkmäler bereits zu Kriegszeiten durch die kulturelle Propaganda angeregt worden, war ihr Aufstieg zu Symbolen deutscher nationaler Größe unaufhaltsam. Sie gaben der Bevölkerung eine Orientierungshilfe in der schweren aussichtslosen Zeit nach dem verlorenen Weltkrieg und der Demütigung durch den Versailler Vertrag. Gerade deswegen durfte die Kultur nicht als Luxus für bessere Zeiten gelten, sondern müsse gerade in schlechten Zeiten gefördert werden, um die Regeneration der deutschen Seele voranzutreiben und den Zusammenhalt der Nation zu fördern. Will man dieses Ziel erreichen, steht es außer Frage, dass die Verantwortung für die kulturellen Bemühungen nicht wie bisher die Länder alleine tragen konnte, sondern der Staat als vereinheitlichendes Element auftreten müsste.[29]

Der zweite wesentliche bestimmende Grund ist in den Befürchtungen des Staates zu sehen. Drohte ohnehin der kulturelle Ausverkauf durch Veräußerungen von beweglicher Kunst ins Ausland von Seiten der Privatpersonen und öffentlichen Institutionen, wurden diese noch weit von der drohenden Trennung von Kirche und Staat überstiegen. Damit war der Verlust der Fürsorge über den reichen kirchlichen Bestand an Kunstgütern verbunden.[30]

3.2.2. Art. 150 Weimarer Verfassung und Verordnungen zum Denkmalschutz

Die zunehmende Nationalisierung der Denkmalpflege während des ersten Weltkrieges fand schließlich seine Fortsetzung in Friedenszeiten. So wurde im Art. 150 der Weimarer Verfassung unter dem Abschnitt Bildung und Schule der Denkmalschutz als Staatsziel verankert:

(1) Die Denkmäler der Kunst, der Geschichte und der Natur sowie die Landschaft genießen den Schutz und die Pflege des Staates.

(2) Es ist Sache des Reichs, die Abwanderung deutschen Kunstbesitzes in das Ausland zu verhüten.

---

[29] vgl. SPEITKAMP (1996, S. 171f.)
[30] vgl. HAMMER (1995, S. 196ff.)

Zweifellos ist, dass die Gesetzgebung grundsätzlich den Ländern überlassen werden sollte und das Reich nur die nötigen Rahmenbedingungen schaffen sollte.[31] Dem widersprechend nahm das Reich die Gesetzgebungskompetenz auch für sich selbst in Anspruch. Zwei Verordnungen zum Schutze von Denkmälern und Kunstwerken sind der Beweis dafür. Einerseits betraf es die in Artikel 150, Absatz 2 angesprochene Ausfuhrbeschränkung, andererseits wurden durch die zweite Verordnung auch der Verkauf und die Veränderung von Kunstdenkmälern geregelt. Damit war eine bisher unbekannte Beschränkung des privaten Eigentums verbunden.[32]

Zur Situation in Sachen Denkmalschutzgesetzgebung, in der sich das Deutsche Reich in der Zeit der Weimarer Republik befand äußert Hammer (1996): „Wenn auch die meisten Gesetzesprojekte zu keinem Abschluß kamen, so wurden doch während dieser Zeit in Deutschland nicht wenige Denkmalschutzgesetze oder wenigstens Teilregelungen sowie einzelne denkmalschützende Normen geschaffen."[33] Dazu zu zählen sind die umfassenden Ländergesetzgebungen in Hamburg, Lübeck, Lippes und Mecklenburg-Schwerin sowie die Teilregelungen Preußens, Sachsens und Bayerns.

Auch wenn zum Ende der Weimarer Republik nun einige denkmalschützende Normen vorhanden waren bleibt festzuhalten, dass die deutsche Gesetzgebung in diesem Bereich weit hinter vielen anderen Staaten[34] zurückbleibt und Mängel aufweist.[35]

4. Die nationalsozialistische Diktatur (1933 – 1945)

4.1. Hitlers Kulturideologie

Zum Verständnis der Kulturpolitik im Dritten Reich ist es notwendig die zu Grunde liegende Kulturideologie zu betrachten. Dabei bleibt es außen vor, ob man beim nationalsozialistischen Kulturbild wirklich von einer durchdachten und abgeschlossenen Theorie sprechen kann.

Das zweifellos wichtigste Element in der nationalsozialistischen Ideologie ist die Grundidee der Rasse in Verbindung mit fanatischem Antisemitismus. Zum Ausdruck gebracht wurde dies durch die besessene Verehrung der Größe und Macht der Nation, der Heroismus, als auch der Theorie von Blut und Boden. Dementsprechend stellt dies das wichtigste Bewertungskriterium von Kunst dar. Wurden die Arier als Kulturbegründer angesehen, so galt die jüdische

---

[31] vgl. KIESOW (1982, S. 22)
[32] vgl. SPEITKAMP (1996, S. 177ff.)
[33] HAMMER (1995, S. 199)
[34] Polen, Österreich, Luxemburg, Frankreich, England, USA,...
[35] vgl. SCHMIDT (1928)

Rasse als Kulturzerstörer.[36] Dem folgend war es die Aufgabe des Staates für den Schutz und Erhalt der kulturellen Errungenschaften der arischen Rasse zu sorgen. Geht man von dieser Ideologie und Weltanschauung des Nationalsozialismus aus, dürfte von größten Bemühungen zur Bewahrung der Kultur ausgegangen werden.[37] Gerade von Seiten der Denkmalpfleger wurde dies besonders begrüßt. Paul Clemen sprach in seiner Veröffentlichung „Deutsche Kunst und die Denkmalpflege" (1933) sogar vom „hoffnungstark in die Ferne weisenden Wort des Führers"[38]

4.2. Kulturpolitik und die Bedeutung der Denkmäler

Bei allen Erwartungen und Hoffnungen ist die Kulturpolitik des Nationalsozialismus als äußerst ambivalent zu bezeichnen.

Einerseits wurden keine Kosten und Mühen gescheut die Kultur in das politische System zu integrieren. Mehrfach äußerte sich Hitler in verschiedensten Reden „dahingehend, daß den Kulturleistungen der Vergangenheit Respekt entgegenzubringen sei"[39] und die Geschichte als Grundlage für die Zukunft gesehen werden müsse. Auch wenn diese Bedeutung der Vergangenheit ideologischen und propagandistischen Motiven entspringt, könnte doch mit einer strikten Denkmalschutzpolitik gerechnet werden. Ein Anzeichen dafür könnte die Gründung der Reichskulturkammer am 22. September 1933 sein.[40]

Andererseits blieb das Dritte Reich weit von einer umfassenden Denkmalschutzpolitik entfernt. Im Gegenteil. Es zeigt sich in den Handlungen ein tiefes Desinteresse an der Kultur und der Kunst. Im Vordergrund der Ideologie stand keineswegs die Kultur, sondern die Rasse. Dementsprechend war nicht das kulturelle Erbgut schützenswert, sondern alleine das Biologische. In den Fällen in denen der Eindruck der Denkmalpflege erweckt wird, stehen stets die Propaganda (Schutz von Heimatwerten), die Sucht nach Demonstration von nationaler Macht und Größe (Großprojekte) sowie die Vernetzung mit anderen Zwecken (Arbeitsbeschaffungsmaßnahmen oder Umwandlung von Denkmälern zu Gerichts- oder Verwaltungsgebäuden) im Vordergrund. Damit zeigt sich eine deutliche Verschiebung des Denkmalbegriffs mit einer vollkommenen Abkehr vom Alterswert. [41]

---

[36] vgl. BACKES (1988, S. 49ff.)
[37] vgl. HAMMER (1995, S. 226f.)
[38] CLEMEN (1933, S. VIII)
[39] HAMMER (1995, S. 232)
[40] vgl. BACKES (1988, S. 57ff.)
[41] vgl. HAMMER (1995, S. 229ff.)

Dass das nationalsozialistische Regime die Denkmäler und Kulturleistungen nicht nur als nicht schützenswert empfand, sondern ihnen Hass und Verachtung gegenüberstand zeigen die Denkmalvernichtungen und –umgestaltungen. Exemplarisch für die zahlreichen Zerstörungen sollen hier nur die Reichskristallnacht (1938) und die Bücherverbrennung (1933) genannt werden. Auf legislativer Seite zeigt sich der Gegensatz zum Denkmalschutz durch das „Gesetz über Einziehung von Erzeugnissen entarteter Kunst" (31. Mai 1939) und die „Verordnung über Baugestaltung" (10. November 1936). Das zweit genannte erlaubt es Denkmäler in der Art zu verändern, dass sie „Ausdruck anständiger Baugesinnung"[42] seien.[43] Dass die Denkmäler nicht ohne Gegenwehr der Willkür Hitlers überlassen wurde, ist allein der Verdienst der Denkmalpfleger. Ihnen ist es zu verdanken, dass trotz der schwierigen Verhältnisse der theoretische und praktische Denkmalschutz[44] nicht zum erliegen kam.[45]

Wie Denkmäler umgestaltet und zugunsten der Ideologie die Geschichte verfälscht wurde zeigt das Beispiel des Grabes von Heinrich dem Löwen. Nachdem 1935 bei Grabungen im Braunschweiger Dom die angeblichen Überreste von Heinrich dem Löwen gefunden wurden, sollte die Grabstätte zu einer nationalsozialistischen Wallfahrtsstätte umgebaut werden. Im Zuge der Umgestaltung des Grabmals wurden zudem weitreichende Veränderungen im gesamten Kirchengebäude vorgenommen. Nach Abschluss der Arbeiten erinnerte laut zeitgenössischen Aussagen nichts mehr an die ursprüngliche Gestalt des Gotteshauses. Vielmehr glich sie nun einer „germanischen Königshalle"[46]. Seit Beginn der Umbauarbeiten hat aus Gründen der damit verbundenen Entweihung sowie politischen Missbrauchs dort kein Gottesdienst mehr stattgefunden.[47] Scheint dieser Missbrauch schon gravierend genug, erlaubten sich die Restauratoren noch eine Veränderung der Geschichte. Während der Restaurationsarbeiten musste man feststellen, dass Heinrich der Löwe keinesfalls, wie bisher angenommen, ein „blonder germanischer Hüne, sondern von Gestalt und schwarzer Haarfarbe her eher ein Italiener war"[48]. Um der nationalsozialistischen Ideologie besser zu entsprechen, entschloss man kurzerhand die Haarfarbe in kastanienbraun umzuändern.[49]

---

[42] Verordnung über Baugestaltung (10.11.1936), §1
[43] vgl. HAMMER (1995, S. 248ff.)
[44] Beispielhaft für die unermüdlichen Bemühungen der Denkmalpfleger sollen HÖRMANN (1937) und LILL (1941) genannt werden
[45] vgl. SCHECK (1995, S. 61ff.)
[46] SCHECK (1995, S. 179)
[47] vgl. SCHECK (1995, S. 175ff.)
[48] KIESOW (1982, S. 26)
[49] vgl. KIESOW (1982, S. 26)

4.3. Die veränderte Aufgabe der Kulturbewahrung im Zweiten Weltkrieg

Abschließend sollen noch die Veränderungen angedeutet werden, die der Ausbruch des zweiten Weltkrieges für den Denkmalschutz mit sich gebracht hat. Wie nicht anders zu erwarten, war durch die eingeschränkten finanziellen und materiellen Engpässe, als auch durch die personelle Notlage kein geordneter Betrieb der Denkmalpflege mehr möglich. Der Denkmalschutz konnte sich lediglich auf Not- und Sicherungsmaßnahmen beschränken. Diese beinhalteten überwiegend den Schutz von unbeweglichen Denkmälern vor Kriegszerstörungen und die Standortverlagerung der beweglichen Denkmäler aus den Kriegsschauplätzen, sowohl im Inland als auch im Ausland. Gerade die Aufgabe im Ausland erwies sich als besonders schwierig und auch gefährlich. Die Denkmalschützer mussten sich nicht nur einmal gegen Versuche des Kunstraubs widersetzen. Diese Aktionen wurden von Hitler gebilligt und oft von allerhöchster Ebene veranlasst. Aus diesem Grund standen die Denkmalpfleger in den meisten Fällen einer unmöglichen Aufgabe gegenüber.

Ähnlich der Situation im ersten Weltkrieg wurde auch im zweiten Weltkrieg die Kulturbewahrung für propagandistische Zwecke instrumentalisiert. Die eigene Vorgehensweise wurde beschönigt und die Maßnahmen des Feindes als unkulturell und unzivilisiert bezeichnet. Eine zweifelhafte Rolle kommt in dieser Beziehung den Denkmalpflegern zu. Scheinbar unbelehrt von den Erkenntnissen des ersten Weltkrieges stellten sie sich wiederum ohne Vorbehalt unterstützend hinter die propagandistische Sichtweise des nationalsozialistischen Regimes.

Das zweifelhafte Verständnis zu den Denkmälern im Dritten Reich zeigt sich am deutlichsten während des Krieges. Sie äußerte sich nicht nur durch den radikalen Kunstraub, sondern auch durch die bewusste Opferung des deutschen Kulturbestandes beim Einmarsch der Kriegsgegner.[50] Im Gegenteil. Es scheint als war der größte Teil des Regimes sogar über die Zerstörung der deutschen Städte erfreut.[51] Damit zeigte Goebbels deutlich auf, was sich bereits seit Anbeginn des Dritten Reiches abzeichnete. „Die nationalsozialistische Diktatur benötigte in letzter Konsequenz kein geschichtlich gewachsenes Deutschland, sie benötigte auch nicht dessen

---

[50] vgl. SCHECK (1995, S. 190ff.)
[51] Joseph Goebbels äußerte sich dazu folgendermaßen: „Unter Trümmern unserer verwüsteten Städte sind die sogenannten Errungenschaften des bürgerlichen 19. Jahrhunderts endgültig begraben worden. (…) Zusammen mit den Kulturdenkmälern fallen auch die letzten Hindernisse zur Erfüllung unserer revolutionären Aufgabe. Nun, da alles in Trümmern liegt, sind wir gezwungen, Europa wieder aufzubauen. In der Vergangenheit zwang uns Privatbesitz bürgerliche Zurückhaltung auf. Jetzt haben die Bomben statt alle Europäer zu töten nur die Gefängnismauern geschleift, die sie eingekerkert hatten. (…) Dem Feind, der Europas Zukunft zu vernichten strebte, ist nur die Vernichtung der Vergangenheit gelungen, und damit ist es mit allem Alten und Verbrauchten vorbei." (BÜLTEMANN 1986, S. 38)

materielle Zeugen, die Denkmäler, und noch weitaus weniger benötigte sie die Denkmalpflege."[52]

---

[52] SCHECK (1995, S. 193)

5. Literaturverzeichnis

Monographien:

BACKES, K. (1988): Hitler und die bildenden Künste: Kulturverständnis und Kunstpolitik im Dritten Reich. Köln

BÜLTEMANN, M. (1986): Architektur für das Dritte Reich. Berlin

DEHIO, G. (1905): Mitteldeutschland. Bd.1: Handbuch der deutschen Kunstdenkmäler. Berlin

DEHIO, G. (1906): Nordostdeutschland. Bd.2: Handbuch der deutschen Kunstdenkmäler. Berlin

DEHIO, G. (1908): Süddeutschland. Bd.3: Handbuch der deutschen Kunstdenkmäler. Berlin

DEHIO, G. (1911): Südwestdeutschland. Bd.4: Handbuch der deutschen Kunstdenkmäler. Berlin

DEHIO, G. (1912): Nordwestdeutschland. Bd.1: Handbuch der deutschen Kunstdenkmäler. Berlin

DVORAK, M. (1918): Katechismus der Denkmalpflege, Wien

HAGER, G. (1905): Über Denkmalpflege und moderne Kunst, München

HAMMER, F. (1995): Die geschichtliche Entwicklung des Denkmalrechts in Deutschland. Tübingen

HANSELMANN, J.F. (1996): Die Denkmalpflege in Deutschland um 1900: zum Wandel der Erhaltungspraxis und ihrer methodischen Konzeption. Frankfurt a. Main

HÖRMANN, H. (1937): Methodik der Denkmalpflege, München

HUBER, B. (1994): Denkmalpflege zwischen Kunst und Wissenschaft, dargestellt am Beispiel des Bayerischen Landesamts für Denkmalpflege. München

KIESOW, G. (1982): Einführung in die Denkmalpflege. Darmstadt

KIESOW, G.; NEUFFER, M.; EBERL, W. (1983): Zur Lage des Denkmalschutzes und der Denkmalpflege in der Bundesrepublik Deutschland. Bd. 20. Bonn

KNEER, A. (1915): Die Denkmalpflege in Deutschland, mit besonderer Berücksichtigung der Rechtsverhältnisse. Mönchengladbach

LILL, G. (1941): Praktische Denkmalpflege. Gesammelte Merkblätter des Bayerischen Landesamtes für Denkmalpflege. München

REIMERS, F. (1911): Handbuch für die Denkmalpflege, Hannover

SCHECK, T. (1995): Denkmalpflege und Diktatur. Die Erhaltung von Bau- und Kunstdenkmälern in Schleswig-Holstein und im Deutschen Reich zur Zeit des Nationalsozialismus. Berlin

SCHMIDT, W. (1928): Heimatschutz und Denkmalpflege im deutschen und bayerischen Recht, Erlangen

SPEITKAMP, W. (1996): Die Verwaltung der Geschichte: Denkmalpflege und Staat in Deutschland 1871 – 1933. Göttingen

TIETZE, H. (1925): Lebendige Kunstwissenschaft. Zur Krise der Kunst und der Kunstgeschichte. Wien

AUFSÄTZE IN ZEITSCHRIFTEN UND SAMMELBÄNDEN:

CLEMEN, P. (1933): Die deutsche Kunst und die Denkmalpflege. In: Zeitschrift des Rheinischen Vereins für Denkmalpflege und Heimatschutz 26. Köln, S. 1 – 51

DEHIO, G. (1901): Was wird aus dem Heidelberger Schloß werden?. In: Dehio, G.; Riegl, A. (Hrsg.): Konservieren, nicht restaurieren – Streitschriften zur Denkmalpflege um 1900. Braunschweig, S. 34 – 42

FISCHER, T. (1902): Über das Restaurieren. In: Huse, N. (Hrsg.): Denkmalpflege. Deutsche Texte aus drei Jahrhunderten. München. S. 115 – 118

Friedrich II., Landgraf zu Hessen (1779): Verordnung, die im Lande befindlichen Monumente und Altertümer betreffend. In: Huse, N. (Hrsg.): Denkmalpflege. Deutsche Texte aus drei Jahrhunderten. München. S. 26 - 27

HUSE, N. (1996): Karl Friedrich Schinkel. In: Huse, N. (Hrsg.): Denkmalpflege. Deutsche Texte aus drei Jahrhunderten. München. S. 62 – 70

LANGE, K. (1906): Die Grundsätze der modernen Denkmalpflege. In: Huse, N. (Hrsg.): Denkmalpflege. Deutsche Texte aus drei Jahrhunderten. München. S. 121 – 123

RIEGL, A. (1903): Der moderne Denkmalkultus, sein Wesen und seine Entstehung. In: Dehio, G.; Riegl, A. (Hrsg.): Konservieren, nicht restaurieren – Streitschriften zur Denkmalpflege um 1900. Braunschweig, S. 43 – 87

RIEGL, A. (1906): Neue Strömungen in der Denkmalpflege. In: Dehio, G.; Riegl, A. (Hrsg.): Konservieren, nicht restaurieren – Streitschriften zur Denkmalpflege um 1900. Braunschweig, S. 104 – 119

SCHUMANN, P. (1901): Der innere Ausbau der Kreuzkirche in Dresden. In: Hanselmann, J.F. (Hrsg.): Rekonstruktion in der Denkmalpflege. Texte aus der Geschichte und Gegenwart. Stuttgart. S. 31 – 33

INTERNET:

KIESOW, G. (1988): Zur Entwicklung der Denkmalpflege in Hessen
< http://www.denkmalpflege-
hessen.de/LFDH4_Publikationen/Veroffentlichungen/Ausgabe_1_1988/88-1_Kiesow/88-
1_kiesow.html> (03.04.2008)

SCRIBA, A. (2001): Weimarer Republik. Alltagsleben
<http://www.dhm.de/lemo/html/weimar/alltag/index.html (08.04.2008)

Wikipedia, Die freie Enzyklopädie
www.wikipedia.de (10.04.2008)

GESETZESTEXTE:

Die Verfassung des Deutschen Reiches vom 16. April 1871

Die Verfassung des Deutschen Reichs (Weimarer Verfassung) vom 11. August 1919